國家圖書館藏宋代善本

〔北宋〕朱肱　撰

宋本酒經

綫裝書局

據國家圖書館藏宋杭州地區刻本影印原書版框高二十點八厘米寬十五點五厘米半葉十行行十八字

國家圖書館藏宋元善本

〔宋〕朱肱 撰

宋本 酒經

綫裝書局

據國家圖書館藏宋杭州地區刻本影印原書版框高二十點八厘米寬十三點五厘米半葉十行行十八字

酒經上

大隱翁譔

酒之作尚矣儀狄作酒醪杜康秫酒豈以善釀得名蓋抑始於此耶酒味甘辛大熱有毒雖可忘憂然能作疾所謂腐腸爛胃潰髓蒸筋而劉詞養生論酒所以醉人者麴糵氣之故爾麴糵氣消皆化爲水昔先王誥庶邦庶士無彝酒又曰祀茲酒言天之命民作酒惟祀而已六彜有舟所以戒其覆六尊有罍所以戒其淫陶侃劇飲亦自制其限後世以酒爲漿不醉反耻豈知

百藥之長黃帝所以治疾耶太率晉人嗜酒孔羣作書族人今年秫得七百斛不了麴糵事王忱三日不飲酒覺形神不復相親至於劉殷嵇阮之徒尤不可一日無此要之酣放自肆託於麴糵以逃世網未必真得酒中趣爾古之所謂得全於酒者正不如此是知狂藥自有妙理豈特澆其礧磈者耶五斗先生棄官而歸耕於東皐之野浪遊醉鄉没身不返以謂結繩之政已薄矣雖黃帝華胥之遊殆未有以過之繇此觀之酒之境界豈餔歠者所能與知哉儒學之士

如韓愈者猶不足以知此又悲醉鄉之徒爲不遇大哉酒之於世也禮天地事鬼神射鄉之飲鹿鳴之歌賓主百拜左右秩秩上至縉紳下逮閭里詩人墨客漁夫樵婦無一可以缺此投閑自放攘襟露腹便然酣卧於江湖之上扶頭解酲忽然而醒雖道術之士鍊陽消陰飢腸如筋而熟穀之液亦不能去唯胡人禪律以此爲戒嗜者至於濡首敗性失理傷生往往屏爵棄巵焚罍折榼終身不復知其味者酒復何過耶平居無事汙罇斗酒發狂蕩之思助江山之興亦未足以知麴蘖之力稻米之功至於流離放逐秋聲暮雨朝登糟丘暮遊麴封禦魑魅於煙嵐轉炎荒爲淨土酒之功力其近於道耶與酒遊者死生驚懼交於前而不知其視窮泰違順特戲事尒彼飢餓其身焦勞其思牛衣發兒女之感澤畔有可憐之色又烏足以議此哉鴟夷丈人以酒爲名含垢受侮與世浮沉而彼騷人高自標持分別黑白且不足以全身遠害猶以爲惟我獨醒善乎酒之移人也慘舒陰陽平治險阻剛愎者薰然而慈仁濡弱者感慨而激烈陵

轢王公紿玩妻妾滑稽不窮斟酌自如識量之高風味之爕足以還澆薄而發猥瑣豈特此哉夙夜在公（有駜）豈樂飲酒（魚藻）酌以大斗（行葦）不醉無歸（湛露）君臣相遇播於聲詩亦未足以語太平之盛至於黎民休息日用飲食祝史無求神具醉止斯可謂至德之世矣然則伯倫之頌德樂天之論功蓋未必有以形容之夫其道深遠非冥搜不足以發其義其術精微非三昧不足以善其事昔唐逸人追述焦革酒法立祠配享又采自古以來善酒者以為譜雖其書脫略卑陋闕者垂涎酣適之士口誦而心醉非酒之董狐其孰能為之哉昔人有齋中酒廳事酒猥酒雖勻以麴糵為之而有聖有賢清濁不同周官酒正以式法授酒材辨五齊之名三酒之物歲中以酒式誅賞月令乃命大酋（音緧大酋酒之官長也）秫稻必齊麴糵必時湛饎必潔水泉必香陶器必良火齊必得六者盡善更得醓漿則酒人之事過半矣周官漿人掌共王之六飲水漿醴涼醫酏入于酒府而漿最為先古語有之空桑穢飯醞以稷麥以成醇醪酒之始也說文酒白

謂之醙醙者壞飯也醙者老也飯老即壞飯不壞則酒不甜又曰烏梅女𩜾（胡板切）甜醹九投澄清百品酒之終也麴之於黍猶鉛之於汞陰陽相制變化自然春秋緯曰麥陰也黍陽也先漬麴而投黍是陽得陰而沸後世麴有用藥者所以治疾也麴用豆亦佳神農氏赤小豆飲汁愈酒病酒有熱得豆爲良但硬薄少蘊藉耳古者醴酒在室醍酒在堂澄酒在下而酒以醇厚爲上飲家須察黍性陳新天氣冷暖春夏及黍性新軟則先湯（平聲）而後米酒人謂之倒湯（去聲）

秋冬及黍性陳硬則先米而後湯酒人謂之正湯醞釀須酴米偷酸（說文酴酒母也酴音途）投醹偷甜淛人不善偷酸所以酒熟入灰北人不善偷甜所以飲多令人膈上懊憹桓公所謂青州從事平原督郵者此也酒甘易釀味辛難醞釋名酒者酉也酉者陰中也酉用事而爲收也用而爲散散者辛也酒之名以甘辛爲義金木間隔以土爲媒自酸之甘自甘之辛而酒成焉（酴米所以要酸投醹所以要甜）所謂以土之甘合水作酸以木之酸合土作辛然後知投者所以作辛也說文投者再釀

也張華有九醞酒齊民要術桑落酒有六七投者酒以投多爲善要在麴力相及醁酒所以有韻者亦以其再投故也過度亦多術尤忌見日若太陽出即酒多不中後魏賈思勰亦以夜半蒸炊昧旦下釀所謂以陰制陽其義如此著水無多少拌和黍麥以匀爲度張藉詩釀酒愛乾和即今人不入定酒也晉人謂之乾榨酒大抵用水隨其湯(去聲)黍之大小斟酌之若投多水寬亦不妨要之米力勝於麴麴力勝於水即善矣北人不用酵秪用刷案水謂之信水然信水

非酵也酒人以此體候冷暖爾凡醞不用酵即酒難發醅來遲則脚不正秪用正發酒醅最良不然則掉取醅面絞令稍乾和以麴蘖掛於衡茅謂之乾酵用酵四時不同寒即多用温即減之酒人冬月用酵緊用麴少夏月用麴多用酵緩天氣極熱置甕於深屋冬月温室多用氊毯圍遶之語林云抱甕冬醪言冬月釀酒令人抱甕速成而味好大抵冬月蓋覆即陽氣在内而酒不凍夏月閉甕即陰氣在内而酒不動非深得夘酉出入之義孰能知此哉於戲酒之梗槩

曲盡於此若夫心手之用不傳文字固有父子一法而氣味不同一手自釀而色澤殊絶此雖酒人亦不能自知也

酒經上

酒經中

總論

於六月三伏中踏造先造峭汁每甕用甜水三石五㪷蒼耳一百斤虵麻辣蓼各二十斤剉碎爛擣入甕内日煎五七日天陰至十日用盆蓋覆每日用杷子攪兩次濾去滓以和麵此法本爲造麴多處設要之不若取自然汁爲佳若秪造三五百斤麪取上三物爛擣入井花水裂取自然汁則酒味辛辣内法酒庫杏仁麴止是用杏仁研取汁即酒味醇甜麴用香藥大抵辛香發散而巳每片可重一斤四兩乾時可

得一斤直須實踏若虛則不中造麴水多則糖心水脉不勻則心內青黑色傷熱則心紅傷冷則發不透而體重惟是體輕心內黃白或上面有花衣乃是好麴自踏造日爲始約一月餘日出場子且於當風處井欄垛起更候十餘日打開心內無濕處方於日中曝乾候冷乃收之收麴要高燥處不得近地氣及陰潤屋舍盛貯仍防蟲鼠穢污四十九日後方可用

頓遞祠祭麴

小麥一石磨白麪六十斤分作兩栲栳使道人頭蛇麻花水共七升拌和似麥飯入下項藥

白朮二兩半　川芎一兩　白附子半兩

瓜蒂一字　木香一錢半

已上藥搗羅爲細末勻在六十斤麪內

道人頭十六斤　蛇麻八斤一名辣母藤

已上草揀擇剉碎爛搗用大盆盛新汲水浸攪拌似藍澱水濃爲度秖收一斗四升將前麪拌和令勻

右件藥麪拌時須乾濕得所不可貪水握得聚

撲得散是其訣也便用麤篩隔過所貴不作塊按令實用厚複蓋之令煖三四時辰水脉匀或經宿夜氣留潤亦佳方入模子用布包裹實踏仍預治淨室無風處安排下場子先用板隔地氣下鋪麥䴷約一尺浮上鋪箔箔上鋪麴看遠近用草人子爲栔(音至)上用麥䴷蓋之又鋪箔箔上又鋪麴依前鋪麥䴷四面用麥䴷劄實風道上面更以黃蒿稀壓定須一日兩次覷步體當發得緊慢傷熱則心紅傷冷則體重若發得熱周遭麥䴷微濕則減去上面蓋者麥䴷并取去

四面劄塞令透風氣約三兩時辰或半日許依前蓋覆若發得太熱即再蓋減麥䴷令薄如冷不發即添麥䴷厚蓋催趂之約發及十餘日巳來將麴側起兩兩相對再如前罨之蘼冗日足然後出草(去聲立曰蘼側曰冗)

香泉麴

白麪一百斤分作三分共使下項藥

川芎(七兩)　白附子(半兩)　白朮(三兩半)

瓜蔕(二錢)

已上藥共擣羅爲末用馬尾羅篩

過亦分作三分與前項麪一處拌和令勻每一分用井水八升其踏罨與頓遞祠祭法同

香桂麴

每麪一百斤分作五處

木香一兩 官桂一兩 防風一兩

道人頭一兩 白术一兩 杏仁一兩去皮尖細研

右件爲末將藥亦分作五處拌入麪中次用蒼耳二十斤虵麻一十五斤擇淨剉碎入石臼擣爛入新汲井花水二㪷一處捺如藍相似取汁

二㪷四升每一分使汁四升七合竹篘落内一處拌和其踏罨與頓遞祠祭法同

杏仁麴

每麪一百斤使杏仁十二兩去皮尖湯浸於砂盆内研爛如乳酪相似用冷熟水二㪷四升浸杏仁爲汁分作五處拌麪其踏罨如頓遞祠祭法同

已上罨麴

瑶泉麴

白麪六十斤上甑蒸 糯米粉四十斤一㪷米粉秤得六斤半

已上粉麯先拌令匀次入下項藥

白术一兩 防風半兩 白附子半兩

官桂二兩 瓜蒂一分 檳榔半兩

胡椒一兩 桂花半兩 丁香半兩

人參一兩 天南星半兩 茯苓一兩

香白芷一兩 川芎一兩 肉豆蔻一兩

右件藥並為細末與粉麯拌和訖再入杏仁三斤去皮尖磨細入井花水一㪷八升調匀旋洒於前項粉麯内拌匀復用麤篩隔過實踏用桑葉裹盛於紙袋中用繩繫定即時掛起不得積下仍單行懸之二七日去桑葉秖是紙袋兩月可收

金波麯

木香三兩 川芎六兩 白术九兩

白附子半斤 官桂七兩 防風二兩

黑附子二兩炮去皮 瓜蒂半兩

右件藥都擣羅為末每料用糯米粉白麯共三百斤使上件藥拌和令匀更用杏仁二斤去皮尖入砂盆内爛研濾去滓然後用水蓼一斤道人頭半斤虵麻一斤同擣爛以新汲水五㪷揉

取濃汁和搜入盆內以手拌勻於淨席上堆放如法蓋覆一宿次日早辰用模踏造唯實爲妙踏成用穀葉裹盛在紙袋中掛閣透風處半月去穀葉秪置於紙袋中兩月方可用

滑臺麴

白麪一百斤　糯米粉一百斤

已上粉麪先拌和令勻次入下項

藥

白朮四兩　官桂二兩　胡椒二兩

川芎二兩　白芷二兩　天南星二兩

瓜蒂半兩　杏仁二斤用溫湯浸去皮尖更冷水淘三兩遍入砂盆內研旋入井花水取濃汁二㪷

右件擣羅爲細末將粉麪并藥一處拌和令勻然後將杏仁汁旋洒於前項粉麪內拌揉亦須乾濕得所握得聚撲得散即用麤篩隔過於淨席上堆放如法蓋三四時辰候水脉勻入模子內實踏用刀子分爲四片逐片印風字訖用紙袋子包裹掛無日透風處四十九日踏下便入紙袋盛掛起不得積下掛時相離着不得厮沓恐熱不透風每一石米用麴一百二十兩隔年

陳麴有力秖可使十兩

豆花麴

白麪五㪷　赤豆七升　杏仁三兩

川烏頭三兩　官桂二兩　麥蘖四兩焙乾

右除豆麪外並爲細末却用蒼耳辣蓼勒母藤三味各一大握擣取濃汁浸豆一伏時漉出豆蒸以糜爛爲度豆須是煑爛成砂控乾放冷方堪用若煑不爛即造酒出有豆醒氣却將浸豆汁煎數沸別頓放候蒸豆熟放冷搜和白麪并藥末硬軟得所帶軟爲佳如硬更入少浸豆汁緊踏作片子秖用紙裹以麻皮寬

縛定掛透風處四十日取出曝乾即可用須先露五七夜後使七八月已後方可使每㪷用六兩隔年者用四兩此麴謂之錯着水李都尉玉粿乃用此麴但不用蒼耳辣蓼勒母藤三種耳又一法只用三種草汁浸米一夕擣粉每㪷爛煑赤豆三外入白麪九斤拌和踏桑葉裹入紙袋當風掛之即不用香藥耳

巳上風麴

玉友麴

辣蓼勒母藤蒼耳各二斤青蒿桑葉各減半並取近上稍嫩者用石臼爛擣布絞取自然汁更以杏仁百粒去皮尖細研入汁内先將糯米揀

斛一斗急淘淨控極乾爲細粉更曬令乾以藥
汁逐旋勻洒拌和乾濕得所（乾濕不可過以意量度）摶成
餅子以舊麴末逐箇爲衣各排在篩子內於不
透風處淨室內先鋪乾草（一方用青蒿鋪蓋）厚三寸許
安篩子在上更以草厚四寸許覆之覆時須勻
不可令有厚薄一兩日間不住以手探之候餅
子上稍熱仍有白衣即去覆者草明日取出通
風處安卓子上須稍乾旋旋逐箇揭之令離篩
子更數日以藍子懸通風處一月可用罨餅子
須熱透又不可過候此爲最難未乾見日即裂

（夏月造易蛀唯八月造可備一秋及來春之用自四月至九月可醸九月後寒即不發）

白醪麴

粳米三升　糯米一升淨淘洗爲細粉
川芎一兩　峽椒一兩爲末麴母末一
兩與米粉藥末等拌勻蓼葉一束
桑葉一把　蒼耳葉一把
右爛搗入新汲水破令得所濾汁拌米粉無令
濕捻成團須是緊實更以麴母遍身糝過爲衣
以穀樹葉鋪底仍蓋一宿候白衣上揭去更候
五七日曬乾以藍盛掛風頭每斗三兩過半年

以後即使二兩半

小酒麴

每糯米一㪷作粉用蓼汁和勻次入肉桂甘草杏仁川烏頭川芎生薑與杏仁同研汁各用一分作餅子用穰草蓋勿令見風熱透後番依玉友罨法出場當風懸之每造酒一斗用四兩

真一麴

上等白麪一㪷以生薑五兩研取汁洒拌揉和依常法起酵作蒸餅切作片子掛透風處一月輕乾可用

蓮子麴

糯米二㪷淘淨少時蒸飯攤了先用麪三㪷細切生薑半斤如豆大和麪微炒令黃放冷隔宿亦攤之候飯溫拌令勻勿令作塊放蘆蓆上攤以蒿草罨作黃子勿令黃子黑但白衣上即去草番轉更半日將日影中曬乾入紙袋盛掛在梁上風吹

已上醁麴

[illegible]

酒經下

卧漿

六月三伏時用小麥一㪷煑粥爲脚日間懸胎蓋夜間實蓋之逐日侵熱麪漿或飲湯不妨給用但不得犯生水造酒最在漿其漿不可才酸便用須是味重酴米偷酸全在於漿大法漿不酸即不可醞酒蓋造酒以漿爲祖無漿處或以水解醋入葱椒等煎謂之合新漿如用已曾浸米漿以水解之入葱椒等煎謂之傳舊漿今人呼爲酒漿是也酒漿多漿臭而無香辣之味以此知須是六月三伏時造下漿免用酒漿也酒漿寒涼時猶可用温熱時即須用卧漿寒時如卧漿闕絶不得已亦須且合新漿用也

淘米

造酒治糯爲先須令揀擇不可有粳米若旋揀實爲費力要須自種糯穀即全無粳米免更揀擇古人種秫蓋爲此凡米不從淘中取淨從揀中取淨緣水䅥去得塵土不能去砂石鼠糞之類要須旋舂簸令潔白走水一淘大忌久浸蓋揀簸既淨則淘數少而漿入但先傾米入籮約

度添水用杷子靠定篩唇取力直下不住手急打斡使水米運轉自然匀淨才水清即住如此則米已潔淨亦無陳氣仍須隔宿淘控方始可用蓋控得極乾即漿入而易酸此爲大法

煎漿

假令米一石用卧漿水一石五斗卧漿者夏月所造酸漿也非用已曾浸米酒漿也仍先須子細刷洗鍋器三四遍先煎三四沸以笊籬漉去白沫更候一兩沸然後入葱一大握祠祭以薤代葱椒一兩油二兩麵一盞以漿半椀調麵打成薄水同煎六七沸煎時不住手攪不攪則有

偏沸及有煿着處葱熟即便漉去葱椒等如漿酸亦須約分數以水解之漿味淡即更入釅醋要之湯米漿以酸美爲十分若用九分味酸者則每漿九斗入水一斗解之餘皆倣此寒時用九分至八分温涼時用六分至七分熱時用五分至四分大凡漿要四時改破冬漿濃而涎春漿清而涎夏不用苦涎秋漿如春漿造酒看漿是大事古諺去看米不如看麴看麴不如看酒看酒不如看漿

湯米

一石甕埋入地一尺先用湯湯甕然後拗漿逐旋入甕不可一併入空甕恐損甕器便用棹篦攪出大氣然後下米（米新即倒湯米陳即正湯湯字去聲切倒湯者坐漿湯米也正湯者先傾米在甕內傾漿入也其湯須接續傾入不住手攪）湯太熱則米爛成塊湯慢即湯（去聲切）不倒而米澁但漿酸而米淡寧可熱不可冷冷即湯米不酸兼無涎生亦須看時候及米性新陳春間用插手湯夏間用宜似熱湯秋間即魚眼湯（比插手差熱）冬間須用沸湯若冬月却用溫湯則漿水力慢不能發脫夏月若用熱湯則漿水力緊湯損亦不能發脫所貴四時漿水溫熱得所湯米時逐旋傾湯接續入甕急令二人用棹篦連底抹起三五百下米滑及顏色光粲乃止如米未滑於合用湯數外更加湯數斟湯之不妨祗以米滑為度須是連底攪轉不得停手若攪少非特湯米不滑兼上面一重米湯破下面米湯不勻有如爛粥相似直候米滑漿溫即住手以席薦圍蓋之令有煖氣不令透氣夏月亦蓋但不須厚尔如早辰湯米晚間又攪一遍晚間湯米來早又復再攪每攪不下一二百轉次日再入湯又攪謂之

接湯接湯後漸漸發起泡沫如魚眼蝦跳之類大約三日後必醋矣尋常湯米後第二日生漿泡如水上浮漚第三日生漿衣寒時如餅煖時稍薄第四日便嘗若已酸美有涎即先以笊籬掉去漿面以手連底攪轉令米粒相離恐有結米蒸時成塊氣難透也夏月秪隔宿可用春間兩日冬間三宿要之須候漿如牛涎米心酸用手一撚便碎然後漉出亦不可拘日數也惟夏月漿米熱後經四五宿漸漸淡薄謂之倒了蓋夏月熱後發過罨損況漿味自有死活若漿面有花衣浡白色明快涎黏米粒圓明鬆利嚼着味酸甕内温煖乃是漿活若無花沫漿碧色不明快米嚼碎不酸或有氣息甕内冷乃是漿死蓋是湯時不活絡善知此者嘗米不嘗漿不知此者嘗漿不嘗米大抵米酸則無事於漿漿死却須用杓盡擘出元漿入鍋重煎再湯緊慢比前來減三分謂之接漿依前蓋了當宿即醋或秪擘出元漿不用漉出米以新水衝過出却惡氣上甑炊時別煎好酸漿潑饙下脚亦得要之不若接漿爲愈然亦在看天氣寒温隨時體當

蒸醋糜

欲蒸糜隔日漉出漿衣出米置淋甕滴盡水脉以手試之入手散蔌蔌地便堪蒸若濕時即有結糜先取合使潑糜漿以水解依四時定分數依前入葱椒等同煎用篦不住攪令匀沸若不攪則有偏沸及煿竈釜處多致鐵腥漿香熟別用盆甕内放冷下脚使用一面添水燒竈安甑單勿令偏側若刷釜不淨置單偏仄或破損并氣未上便裝餴漏下生米及竈内湯太滿可八分滿則多致湯溢出衝單氣直上突酒人謂之甑達

則糜有生熟不匀急傾少生油入釜其沸自止須候釜沸氣上將控乾酸米逐旋以杓輕手續續趂氣撒裝勿令壓實一石米約作三次裝一層氣透又上一層每一次上米用炊箒掠撥周回上下生米在氣出處直候氣匀無生米掠撥不動更看氣緊慢不匀處用米枚子撥開慢處擁在緊處謂之撥溜若箄子周遭氣小須從外撥來向上如鏾背相似時復用氣杖子試之劄處若實即是氣流劄處若虛必有生米即用枚子翻起撥匀候氣圓用木拍或席蓋之更候大

氣上以手拍之如不黏手權住火即用杴子攪斡盤摺將煎下冷漿二㪷隨棹洒撥每一石米湯用冷漿二㪷如要醇濃即少用水饋酒自然稠厚便用棹篦拍擊令米心勻破成糜緣漿米既巳浸透又更蒸熟所以棹篦拍着便見皮拆心破裹外肥爛成糜再用木拍或蓆蓋之微留少火泣定水脉即以餘漿洗案令潔淨出糜在案上攤開令冷翻梢一兩遍脚糜若炊得稀薄如粥即造酒尤醇搜拌入麴時却縮水勝如旋入別水也四時並同洗案刷甕之類並用熟漿不得入生水

用麴

古法先浸麴發如魚眼湯淨淘米炊作飯令極冷以絹袋濾去麴滓取麴汁於甕中即投飯近世不然吹飯冷同麴搜拌入甕麴有陳新陳麴力緊每㪷米用十兩新麴十二兩或十三兩臘脚酒用麴宜重大抵麴力勝則可存留寒暑不能侵米石百兩是為氣平十之上則苦十之下則甘要在隨人所嗜而增損之凡用麴日曝夜露齊民要術夜乃不收令受霜露須看風陰恐雨潤故也若急用則麴乾亦可不必露也受霜

露二十日許彌令酒香麴須極乾若潤濕則酒惡矣新麴未經百日心未乾者須擘破炕焙未得便擣須放隔宿若不隔宿則造酒定有炕麴氣大約每斗用麴八兩須用小麴一兩易發無失善用小麴雖煮酒亦色白今之王友麴用二桑葉者是也酒要辣更於酘飯中入麴放冷下此要訣也張進造供御法酒使兩色麴每糯米一石用杏仁罨麴六十兩香桂罨麴四十兩一法醞酒罨麴風麴各半亦良法也四時麴麤細不同春冬醞造日多即擣作小塊子如骰子或

皁子大則發斷有力而味醇釅秋夏醞造日浅則差細欲其麴米早相見而就熟要之麴細則味甜美麴麤則硬辣若麤細不勻則發得不齊酒味不定大抵寒時化遲不妨宜用麤麴暖時麴欲得疾發宜用細末雖然酒人亦不執或醅緊恐酒味太辣則添入米一二斗若發太慢恐酒甜即添麴三四斤定酒味全此時亦無固必也供御祠祭用麴並在酴米內盡用之酘飯更不入麴一法將一半麴於酘飯內分使氣味芳烈却須並爲細末也唯羔兒酒盡於脚飯內着

麴不可不知也

合酵

北人造酒不用酵然冬月天寒酒難得發多攧了所以要取醅面正發醅爲酵最妙其法用酒甕正發醅撆取面上浮米糝控乾用麴末拌令濕匀透風陰乾謂之乾酵凡造酒時於漿米中先取一升已來用本漿煑成粥放冷冬月微温用乾酵一合麴末一斤攪拌令匀放暖處候次日搜飯時入釀飯甕中同拌大約申時欲搜飯須早辰先發下酵直候酵來多時發過方可用蓋酵才來未有力也酵肥爲來酵塌可用又況用酵四時不同須是體襯天氣天寒用湯發天熱用水發不在用酵多少也不然祇取正發酒醅二三杓拌和尤捷酒人謂之傳醅免用酵也

酴米

酴米酒母也今人謂之脚飯

蒸米成糜策在案上頻頻翻不可令上乾而下濕大要在體襯天氣温涼時放微冷熱時令極冷寒時如人體金波法一石糜用麥蘗四兩炒令冷麥蘗咬盡米粒酒乃醇醲糝在糜上然後入麴酵一處衆手揉之務令麴與糜匀若糜稠硬即旋入少冷

漿同揉亦在隨時相度大率搜糜秖要拌得麴與糜勻足矣亦不須搜如糕糜京醞搜得不見麴飯所以太甜麴不須極細麴細則甜美麴麤則硬辣麤細不等則發得不齊酒味不定大抵寒時化遲不妨宜用麤麴可投子大暖時宜用細末欲得疾發大約每一㪷米使大麴八兩小麴一兩易發無失並於脚飯內下之不得旋入生麴雖三酘酒亦盡於脚飯中下計筭斤兩搜拌麴糜勻即般入甕甕底先糝麴末更留四五兩麴蓋面將糜逐段排垛用手緊按甕邊四畔

拍令實中心剜作坑子入刷案上麴水三升或五升已來微温入在坑中并潑在醅面上以爲信水大凡醞造須是五更初下手不令見日此過度法也下時東方未明要了若太陽出即酒多不中一伏時歇開甕如滲信水不盡便添薦薦圍裹之如泣盡信水發得勻即用杷子攪動依前蓋之頻頻揩汗三日後用手捺破頭尾緊即連底掩攪令勻若更緊即便摘開分減入別甕貴不發過一面炊甜米便酘不可隔宿恐發過無力酒人謂之摘脚脚緊多由糜熱大約兩

三日後必動如信水滲盡醅面當心夯起有裂紋多者十餘條少者五七條即是發緊須便分減大抵冬月醅脚厚不妨夏月醅脚要薄如信水未乾醅面不裂即是發慢須更添蓆圍裹候一二日如尚未發每醅一石用杓取出二㪷以來入熱蒸糜一㪷在内却傾取出者醅在上面蓋之以手按平候一二日發動據後來所入熱糜計合用麴入甕一處拌匀更候發緊掩捺謂之接醅若下脚後依前發慢即用熱湯湯臂膊入甕攪掩令冷熱匀停須頻蘸臂膊貴要接助

熱氣或以一二㪷小瓶佇熱湯密封口置在甕底候發則急去之謂之追魂或倒出在案上與熱甜糜拌再入甕厚蓋合且候隔兩夜方始攪撥依前緊蓋合一依投抹次第體當漸成醅謂之搭引或祗入正發醅脚一㪷許在甕當心却撥慢醅蓋合次日發起攪撥亦謂之搭引造酒要脚正大忌發慢所以多方救助冬月置甕在温暖處用薦蓆圍裹之入麥䴷黍穰之類凉時去之夏月置甕在深屋底不透日氣處天氣極熱日間不得掀開用磚鼎足閣起恐地氣此爲大法

蒸甜糜

凡蒸酘糜先用新汲水浸破米心淨淘令水脉微透庶蒸時易軟（脚米走水淘恐水透漿不入難得酘投飯不湯故欲浸透也）然後控乾候甑氣上撒米裝甜米比醋糜鬆利易炊候裝徹氣上用木篦枚篅掠撥甑周回生米在氣出緊處掠撥平整候氣勻溜用篦攤攪再溜氣勻用湯潑之謂之小潑再候氣勻用篦攤攪候米勻熟又用湯潑謂之大潑復用木篦攪斡隨篦潑湯候勻軟稀稠得所取出盆內以湯微洒以一器蓋之候滲盡出在案上攤梢

三兩遍放令極冷（四時並同）其撥溜盤棹並同蒸脚糜法唯是不犯漿秖用葱椒油麪比前減半同煎白湯潑之每㪷不過潑二升拍擊米心勻破成糜亦如上法

投醹

投醹最要厮應不可過不可不及脚熱發緊不分摘開發過無力方投非特酒味薄不醇美兼麴末少咬甜糜不住頭脚不厮應多致味酸若脚嫩力小酘早甜糜冷不能發脫折斷多致涎慢酒人謂之攧了須是發緊迎甜便酘寒時四

六酘温涼時中停酘熱時三七酘醞法總論天暖時二分爲脚一分投天寒時中停投如極寒時一分爲脚二分投大熱或更不投一法秖看醅脚緊慢加減投亦治法也若醅脚發得恰好即用甜飯依數投之若用黃米造酒秖以醋糜一半投之謂之脚搭脚如此醞造暖時尤穩若發得太緊恐酒味太辣即添入米一二㪷若發得太慢恐酒太甜即添入麴三四斤定酒味全在此時也四時並須放冷齊民要術所以專取桑落時造者黍必令極冷故也酘飯極冷即酒味方辣所謂偷甜也投飯寒時爛

揉温涼時不須令爛熱時秖可拌和停匀恐傷人氣北人秋冬投飯秖取脚醅一半於案上共酘飯一處搜拌令匀入甕却以舊醅蓋之縁有一半舊醅在甕夏月脚醅須盡盃取出案上搜拌務要出却脚糜中酸氣一法脚緊案上搜脚慢甕中搜亦佳寒時用薦蓋温熱時用蓆若天氣大熱發緊秖用布罩之逐日用手連底掩拌務要甕邊冷醅來中心寒時以湯洗手臂助暖氣熱時秖用木杷攪之不拘四時頻用托布抹汗五日已後更不須攪掩也如米粒消化而沸未止麴力大

更酘爲佳齊民要術初下用米一石次酘五斗又四斗又三斗以漸待米消即酘無令勢不相及味足沸定爲熟氣味雖正沸未息者麴勢未盡宜更酘之不酘則酒味苦薄矣第四第五六酘用米多少皆候麴勢強弱加減之亦無定法惟須米粒消化乃酘之要在善候麴勢麴勢未窮米粒已消多酘爲良世人云米過酒甜此乃不解體候耳酒冷沸止米有不消化者便是麴力盡也若沸止醅塌即便封泥起不令透氣夏月十餘日冬深四十日春秋二十三四日可上槽大抵要體當天氣冷暖與南北氣候即知酒熟有早晚亦不可拘定日數酒人看醅生熟以手試之若撥動有聲即是未熟若醅面乾如蜂窠眼子撥撲有酒湧起即是熟也供御祠祭十月造酘後二十日熟十一月造酘後一月熟十二月造酘後五十日熟

酒器

東南多甆甕洗刷淨便可用西北無之多用瓦甕若新甕用炭火五七斤罩甕其上候通熱以油蠟徧塗之若舊甕冬初用時須薰過其法用半頭塼鐺脚安放合甕塼上用乾黍穰文武火薰於甑釜上蒸以甕邊黑汁出爲度然後水洗三五遍候乾用之更用漆之尤佳

上槽

造酒寒時須是過熟即酒清數多渾頭白醭少温凉時并熱時須是合熟便壓恐酒醅過熟又糟内易熱多致酸變大約造酒自下脚至熟寒時二十四五日温凉時半月熱時七八日便可上槽仍須匀裝停鋪手安壓板正下砧簟所貴壓得匀乾并無箭失轉酒入甕須垂手傾下免見濯損酒味寒時用草薦麥䴬圍蓋温凉時去了以單布蓋之候三五日澄折清酒入瓶

收酒

上榨以器就滴恐滴遠損酒或以小杖子引下

亦可壓下酒須先湯洗瓶器令淨控乾二三日一次折澄去盡脚才有白絲即渾直候澄折得清爲度即酒味倍佳便用蠟紙封閉務在滿裝瓶不在大以物閣起恐地氣發動酒脚失酒味仍不許頻頻移動大抵酒澄得清更滿裝雖不煑夏月亦可存留內酒庫水酒夏月不煑秪是過熟上榨澄清收

煑酒

凡煑酒每斗入蠟二錢竹葉五片官局天南星丸半粒化入酒中如法封繫置在甑中第二次煑酒不用前來湯別須用冷水下然後發火候甑簞上酒香透酒溢

出倒流便便揭起甑蓋取一瓶開看酒衮即熟矣便住火良久方取下置於石灰中不得頻移動白酒須潑得清然後煮煮時瓶用桑葉冥之金波兼使白酒麴才榨下槽略澄折二三日便蒸雖煮酒亦白色

火迫酒

取清酒澄三五日後據酒多少取甕一口先淨刷洗訖以火烘乾於底旁鑽一竅子如筯麤細以柳屑子定將酒入在甕入黃蠟半斤甕口以油單子蓋繫定別泥一間淨室不得令通風門子可才入得甕置甕在當中間以墼五重襯甕底

於當門裏着炭三秤籠令實於中心着半斤許熟火便用閉門門外更懸薦簾七日後方開又七日方取喫取時以細竹子一條頭邊夾少新綿款款抽屑子以器承之以綿竹子遍於甕底攪纏盡着底濁物清即休纏每取時却入一竹筒子如醋淋子旋取之即耐停不損全勝於煮酒也

曝酒法

平旦起先煎下甘水三四升放冷着盆中日西將衡正純糯一斗用水淨淘至水清浸良久方

漉出瀝令米乾炊再餾飯約四更飯熟即卸在案卓上薄攤令極冷昧旦日未出前用冷湯二椀拌飯令飯粒散不成塊每㪷用藥二兩王友白醪小酒真一麴同秖槌碎爲小塊并末用手搀拌入飯中令粒粒有麴即逐段拍在甕四畔不須令太實唯中間開一井子直見底却以麴末搀醅面即以濕布蓋之如布乾又漬潤之常令布濕乃其訣也又不可令布太濕恐滴水入候漿來井中滿時時酌澆四邊直候漿來極多方用水一盞調大酒麴一兩投井漿中然後用竹刀界醅作六七片擘碎番轉醅面上有白衣宜去之即下新汲水二椀依前濕布罨之更不得動少時自然結面醅在上漿在下即別淘糯米以先下脚米筭數天涼對投天熱半投隔夜浸破米心次日晚西炊飯放冷至夜酘之再入藥二兩取甕中漿來拌勻捺在甕底以舊醅蓋之次日即大發候酘飯消化沸止方熟乃用竹篘篘之若酒面帶酸篘時先以手掠去酸面然後以竹篘插入缸中心取酒其酒甕用木架起須安置涼處仍畏濕地此法夏中可作稍寒不成

白羊酒

白羊酒

造此法夏中可作稍寒不成

以取酒其酒[illegible]用木器盛之須安置涼處仍須[illegible]

[illegible]時先以手[illegible]

[illegible]

[illegible]

[illegible]

[illegible]

[illegible]

[illegible]

後用羊[illegible]

[illegible]

[illegible]

[illegible]

開一井子直見底[illegible]

[illegible]四畔不須令太實[illegible]

[illegible]

[illegible]

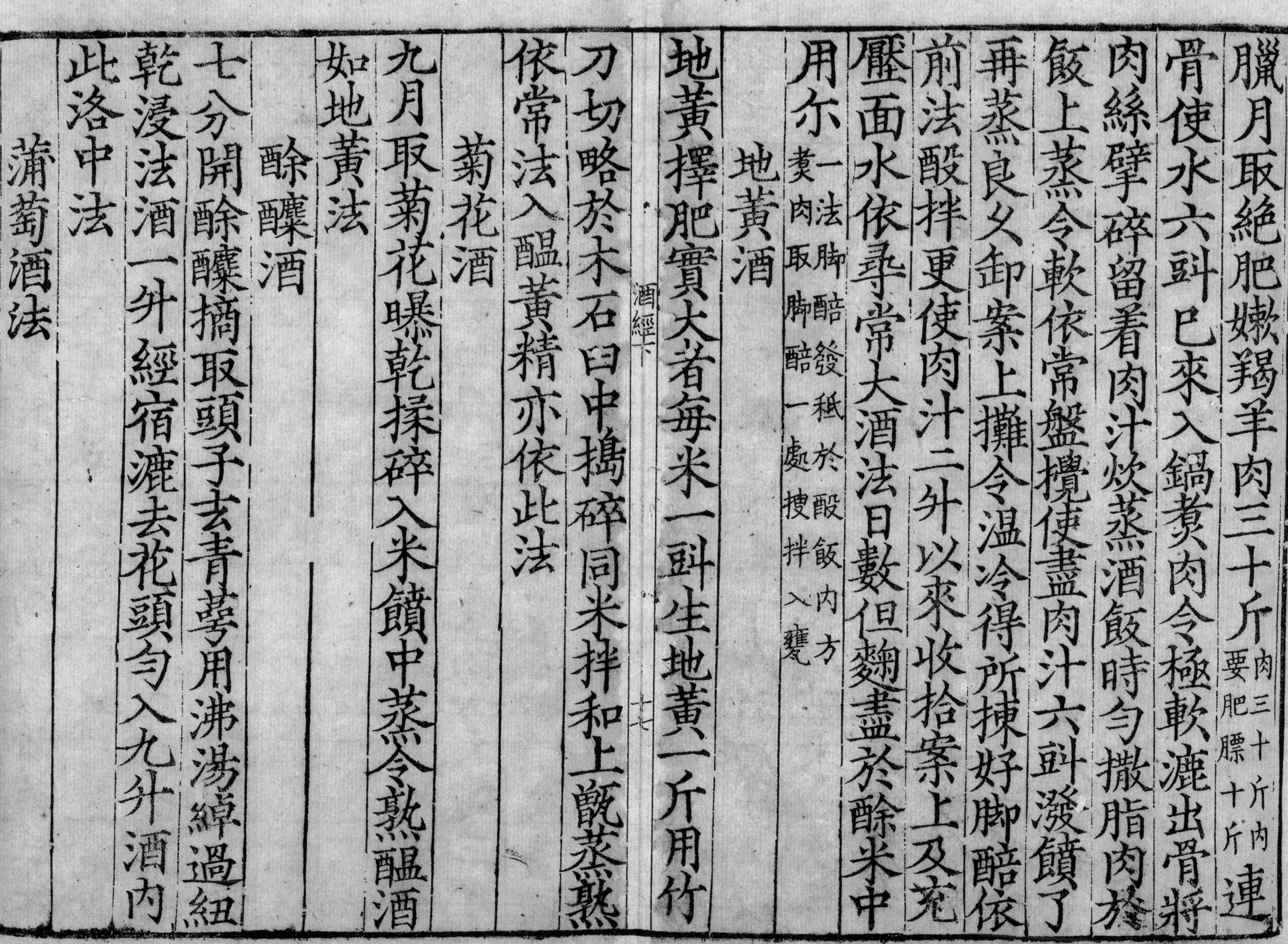

臘月取絶肥嫩羯羊肉三十斤（肉三十斤内要肥膘十斤）連骨使水六㪷已來入鍋煑肉令極軟漉出骨將肉絲擘碎留着肉汁炊蒸酒飯時勻撒脂肉於飯上蒸令軟依常盤攪使盡肉汁六㪷潑饋了再蒸良久卸案上攤令溫冷得所揀好脚醅依前法酘拌更使肉汁二升以來收拾案上及甕壓面水依尋常大酒法日數但麴盡於酴米中用尔（一法脚醅發祗於酘飯內方煑肉取脚醅一處搜拌入甕）

地黃酒

地黃擇肥實大者每米一㪷生地黃一斤用竹

刀切略於木石臼中擣碎同米拌和上甑蒸熟依常法入醞黃精亦依此法

菊花酒

九月取菊花曝乾揉碎入米饋中蒸令熟醞酒如地黃法

酴醾酒

七分開酴醾摘取頭子去青萼用沸湯綽過紐乾浸法酒一升經宿漉去花頭勻入九升酒內此洛中法

蒲萄酒法

酸米入甑蒸氣上用杏仁五兩（去皮尖）蒲萄二斤半（浴過乾去子皮）與杏仁同於砂盆内一處用熟漿三㪷逐旋研盡爲度以生絹濾過其三㪷熟漿潑飯軟蓋良久出飯攤於案上依常法候溫入麴搜拌

猥酒

每石糟用米一㪷煮粥入正發醅一升以來拌和糟令溫候一二日如蟹眼發動方入麴三斤麥蘖末四兩搜拌蓋覆直候熟却將前來黃頭并折澄酒脚傾在甕中打轉上榨

神仙酒法

武陵桃源酒法

取神麴二十兩細剉如棗核大曝乾取河水一㪷澄清浸待發取一㪷好糯米淘三二十遍令淨以水清爲三溜炊飯令極軟爛攤冷以四時氣候消息之投入麴汁中熟攪令似爛粥候發即更炊二㪷米依前法更投二㪷嘗之其味或不似酒味勿恠之候發又炊二㪷米投之候發更投三㪷待冷依前投之其酒即成如天氣稍冷即煖和熟後三五日甕頭有澄清者先取飲之𢧐除萬病令人輕健縱令酣酌無所傷此本於武陵桃源中得之乆服延年益壽後被齊民要術中採綴編録時人縱傳之皆失其妙此方蓋桃源中真本也今商量以空水浸麴末爲妙每造一㪷米先取一合以水煑取一升澄取清汁浸麴待發經一日炊飯候冷即出甕中以麴熟和還入甕内每投皆如此其第三第五皆酒待發後經一日投之五投畢待發定訖更一兩日然後可壓漉即滓大半化爲酒如味硬即每一㪷酒蒸三升糯米取大麥麴糵一大匙神麴

末一大分孰攪和盛葛袋中內入酒瓶候甘美即去却袋凡造諸色酒北地寒即如人氣投之南中氣暖即須至冷爲佳不然則醋矣已北造往往不發緣地寒故也雖料理得發味終不堪但窑泥頭經春暖後即一甕自成美酒矣

真人變鬚髮方

糯米二㪷（淨簸擇不得令有雜米） 地黃二㪷（其地黃先淨洗候水脉盡以竹刀切如豆顆大勃堆疊二斗不可犯鐵器）

毋薑四斤（生用以新布巾揩之去皮須見肉細切秤之）

法麴二斤（若常麴四斤擣爲末）

右取糯米以清水淘令淨一依常法炊之良久即不饙入地黃生薑相重炊待熟便置於盆中孰攪如粥候冷即入麴末置於通油瓷餅甕中醞造窑泥頭更不得動夏三十日秋冬四十日每飢即飲常服尤妙

妙理麴法

白麪不計多少先淨洗辣蓼爛擣以新布絞取汁以新刷箒洒於麪中勿令太濕但只踏得就爲度候踏實每个以紙袋挂風中一月後方可取日中曬三日然後收用

取口中梁三日米泔浸去
酒度焦開每斗入炒麴一兩中一月後方可
用以新酒煮酒放冷中沙令大濕白只踏作餅
白麵一斗以沙許添汁孰本麴以新布裹夏
七日麴方
曾麴用防風膩白麴炒
臘中滴泛頭以水浸曾三十日米今四十日
浸熟如熟漉令口入麴末置以通曲浸蒸中
四入麴入地黃末蓋相連以蒲涼置於瓮中
不取糯米以酒以酒令得一夜瀝浸以良久

浸麴三斤 [illegible]
白麵四斤 [illegible]
[illegible]
糯米三斗 [illegible] 地黃二斗 [illegible]

真人錢麴方
白麴消麴蒲香股酒四一麴令自以來酒熱
[illegible]
[illegible]
[illegible]
[illegible]

時中麴法

每菉豆一㪷揀淨水淘候水清浸一宿蒸豆極爛攤在案上候冷用白麪十五斤辣蓼末一升（蓼曝乾擣爲末須旱地上生者極辣豆麪大㪷用大秤省㪷用省秤）將豆麪辣蓼一處拌勻入臼内擣極相乳入如乾入少蒸豆水不可太乾不可太濕如乾麥飯爲度用布包踏成圓麴中心留一眼要索穿以麥稈穰草罨一七日（先用穰草鋪在地上及用穰草繫成束排成間起麴令懸空）取出以索穿當風懸掛不可見日一月方乾用時每㪷用麴四兩須擣成末焙乾用

冷泉酒法

每糯米五㪷先取五升淘淨蒸飯次將四斗五升米淘淨入甕内用梢箕盛蒸飯五升坐在生米上入水五斗浸之候漿酸飯浮（約一兩日）取出用麴五兩拌和勻先入甕底次取所浸米四㪷五升控乾蒸飯軟硬得所攤令極冷用麴末十五兩取浸漿每㪷米用五升拌飯與麴令極勻不令成塊按令面平（罨浮飯在底不可攪拌）以麴少許糝面用盆蓋甕口紙封口縫兩重再用泥封紙縫勿令透氣夏五日春秋七八日

酒經一冊乃絳雲未焚之書五車四部盡為六
丁下取獨留此經天殆縱余終老醉鄉故以此
轉授 遵王令勿遠求羅浮鐵橋下耶余已得
脩羅採花法釀仙家燭夜酒視此經又如餘杭
老媼家油囊俗譜耳 辛丑初夏蒙翁戲書

出版説明

中國的酒文化源遠流長。其中歷史最悠久的酒類，是以糯米、粳米爲主要原料，添加酒麯發酵釀成的黄酒。專門記載黄酒釀造技藝的著述中，最負盛名的是北宋時出現的《酒經》。

《酒經》又名《北山酒經》，朱肱撰。朱肱字翼中，號大隱翁、無求子，歸安（今浙江湖州）人。其父朱臨，官秘丞；其兄朱服，官中書舍人。朱肱生卒未詳，北宋元祐三年（一〇八八）進士。建中靖國元年（一一〇一），自雄州（今河北雄縣）防禦推官轉知鄧州録軍參事，之後辭官并移居杭州。政和四年（一一一四），起爲醫學博士。五年，因涉蘇軾詩案貶至達州（今屬四川）。六年，以宫祠而赦歸。仕至奉議郎直秘閣。朱肱通醫術，尤其專精傷寒病症，曾潛心二十年撰成《南陽活人書》（原名《無求子傷寒百問方》，後改今名，尤袤《遂初堂書目》及《泊宅編》等俱省作《活人書》）二十卷（元馬端臨《文獻通考・經籍考》著録爲十八卷），于政和元年（一一一一）上於朝廷。另有《内外景圖》（見《遂初堂書目》），《宋史・藝文志》作《内外二景圖》，已佚。

朱肱起爲醫學博士前，嘗久居杭州，李保《讀北山酒經》稱朱肱『壯年勇退，著書釀酒，僑居西湖上而老焉』。《酒經》當撰於此時。所以書中不僅主要記述杭州一帶的釀酒方法，所有量衡單位也依當地的習慣。如卷下《時中魏法》小注：『大斗用大秤，省斗用省秤。』所謂『大斗』、『省斗』，正是北宋末東南地區，尤其是吴興、杭州一帶民間所常用的。且書名又題曰《北山酒經》，清人鮑廷博認爲意在『示不忘西湖舊隱也』。

《酒經》凡三卷。卷上是全書的總論，主要論述酒的歷史、酒對於人生的意義，以及釀酒的一般理論。如書中認爲過量飲酒所産生的弊端，不是酒本身的過錯，而是人没有真正理解酒中的意趣；飲酒對於處在困境中的人生與社會生活都有積極作用之類。卷中記述製作酒麯的理論和方法。全書記述的十五種酒麯，除兩種在卷下外，其餘十三種均在卷中列舉，包括頓遞祠祭麯、香泉麯、香桂麯、杏仁麯等罨麯法酒麯，瑶泉麯、金波麯、滑台麯、豆花麯等風麯法酒麯，玉友麯、白醪麯、小酒麯、真一麯、蓮子麯等麯法酒麯。卷下主要記載從臥漿、淘米、煎漿、湯米、蒸醋糜、用麯、合酵、酴米、蒸甜糜、投醹、上槽、收酒到煮酒的整套釀酒工藝流程，與近現代傳統黄酒釀造工藝已大致相同。這不僅説明傳統黄酒釀造工藝源遠流長，還可看出早在北宋即已較爲成熟。

《酒經》最早的版本是南宋杭州地區刻本，也是後世各種版本的祖本。流傳至今的諸多版本，大致情況如下。其一，明末清初錢謙益藏有宋本一部，族孫錢曾據以鈔寫一本，《述古堂書目》著録。該鈔本後被吴翌鳳得到，乾隆五年借給鮑廷博，據以刻入《知不足齋叢書》。民國間，商務印書館又據知不足齋本排印，編入《叢書集成初編》。清初毛氏汲古閣也有影宋鈔本。其二，明萬曆後期，新安程百二據焦竑藏本刊刻，收入《程氏叢刻》，該本增加了一些註釋，也較多臆改處。清乾隆間，四庫館臣又以程刊本爲底本，略作删訂後收入《四庫全書》。其三，元末陶宗儀編《説郛》，收入《酒經》卷上全文，而中下兩卷僅列目次。此外，還有幾種清鈔本。

所有版本中，最重要也最具鑒賞價值的，自然是宋本《酒經》。此本原是明清之際錢謙益絳雲樓舊藏，清順治七年（一六五〇）絳雲樓大火，錢氏所藏宋槧元鈔多成劫灰，而燼餘之宋槧本皆付其族孫錢曾。此本後有順治十八年（一六六一）初夏錢謙益跋，謂乃絳雲未焚之書，天殆縱其終老醉鄉，故以此轉授錢曾云云。後又經季振宜、徐乾學、汪士鐘及瞿氏鐵琴銅劍樓等遞藏，最終入藏中國國家圖書館。書中有校筆，近人傅增湘稱亦似錢謙益筆迹。

民國間，商務印書館曾借瞿氏鐵琴銅劍樓藏宋本影印，編入《續古逸叢書》，但當時是以石印技術影印，原書的紙色墨色都無法展現。十餘年前，《中華再造善本》又據宋本影印，可惜僅采用單黑套紅另施淺黄底色的方式，仍不能反映宋本的風貌。今綫裝書局以四色全彩高仿真技術影印，較之以往的宋本《酒經》影印本，更稱下真迹一等的精品。

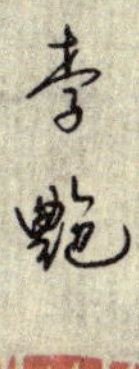

圖書在版編目（CIP）數據

宋本酒經 /（北宋）朱肱撰. -- 北京 : 綫裝書局, 2021.7
ISBN 978-7-5120-3997-1

Ⅰ. ①宋… Ⅱ. ①朱… Ⅲ. ①酒文化－中國－古代
Ⅳ. ①TS971.22

中國版本圖書館CIP數據核字（2020）第030442號

宋本酒經

著　者　〔北宋〕朱　肱
出品人　王利明
策劃編輯　劉爲禮
責任編輯　李　媛
裝幀設計　倪　韶
出版發行　綫裝書局
地址　北京市豐臺區方莊日月天地大厦B座十七層
郵編　一〇〇〇七八
電話　五八〇七六九三八　五八〇七七一二六
網址　www.zgxzsj.com
印　刷　杭州蕭山古籍印務有限公司
字　數　一四千字
印　張　十點五
版　次　二〇二一年七月第一版第一次印刷
印　數　一〇〇〇冊
定　價　六八〇圓

ISBN 978-7-5120-3997-1

线装书局官方微信